Abel Hernández-Muñoz

S.O.S., florestas salgadas

Abel Hernández-Muñoz

S.O.S., florestas salgadas

Uma introdução ao conhecimento dos mangais

ScienciaScripts

Imprint

Any brand names and product names mentioned in this book are subject to trademark, brand or patent protection and are trademarks or registered trademarks of their respective holders. The use of brand names, product names, common names, trade names, product descriptions etc. even without a particular marking in this work is in no way to be construed to mean that such names may be regarded as unrestricted in respect of trademark and brand protection legislation and could thus be used by anyone.

Cover image: www.ingimage.com

This book is a translation from the original published under ISBN 978-3-639-60443-6.

Publisher:
Sciencia Scripts
is a trademark of
Dodo Books Indian Ocean Ltd. and OmniScriptum S.R.L publishing group

120 High Road, East Finchley, London, N2 9ED, United Kingdom
Str. Armeneasca 28/1, office 1, Chisinau MD-2012, Republic of Moldova, Europe
Printed at: see last page
ISBN: 978-620-6-32265-8

S.O.S., FLORESTAS DE SAL

Mestre Abel Hernández Muñoz

FLORESTAS SALGADAS

O mangal é um equivalente costeiro da floresta tropical em terra. Trata-se de um ecossistema insubstituível e único, que alberga uma biodiversidade incrível e é um dos mais produtivos do mundo.

As raízes aéreas das suas árvores emergem das águas salgadas das costas, estuários, deltas e ilhéus, formando uma teia que abriga uma multiplicidade de espécies animais (peixes, moluscos, crustáceos, aves), muitas das quais importantes para a alimentação humana.

Os mangais são locais de reprodução e berçário para muitas destas espécies, um refúgio para peixes juvenis e em desenvolvimento e outras larvas de vida marinha. Também protegem estas costas da erosão e têm fornecido uma multiplicidade de recursos às populações locais durante séculos.

Hoje, a milhares de quilómetros de distância, nas mesas dos países europeus, do Japão e dos Estados Unidos, está a origem do principal problema dos mangais: o consumo de camarões criados em viveiros pela indústria do camarão. O consumo disparou nos últimos anos, e milhares de hectares de mangue foram transformados em viveiros de criação.

As florestas de mangais estão entre as mais singulares do mundo; crescem nos estuários dos rios e nas margens abrigadas das zonas costeiras equatoriais, tropicais e subtropicais, adaptadas ao fluxo das marés.

Em cada maré alta, os seus topos mal aparecem acima da água. E só na maré baixa são visíveis as suas raízes respiratórias, que captam o oxigénio atmosférico e o transmitem às raízes enterradas.

Esta adaptação permite-lhes sobreviver em solos pobres em oxigénio e com elevadas concentrações de sal. O mesmo acontece com as suas folhas suculentas, que estão adaptadas à escassez de água doce e são capazes de eliminar o excesso de sal.

O mangal caracteriza-se pelo facto de não ter uma estrutura mista: a teia labiríntica de árvores e raízes é geralmente uma massa florestal ordenada que cresce em faixas de acordo com os seus diferentes graus de resistência às inundações periódicas das marés e, portanto, ao sal.

Existem muitos tipos de mangais: os mangais costeiros, que crescem sem a entrada de água doce do interior e podem ter vários quilómetros de largura; os mangais de foz, principalmente nos deltas dos rios, que podem ser muito extensos; os mangais de recife, que crescem em recifes de coral que se projetam acima do nível do mar; e os mangais-chave, que se desenvolvem em lodaçais muito rasos. Mas todos têm uma coisa em comum: são "florestas salgadas" muito especiais, frágeis e ameaçadas de extinção.

DISTRIBUIÇÃO

Os mangais distribuem-se ao longo das costas tropicais e equatoriais. O desenvolvimento ótimo destas florestas salgadas ocorre em torno do equador, na Indonésia, na Nova Guiné e nas Filipinas. Na América Latina, as florestas de mangue mais luxuriantes encontram-se no Equador, na costa norte da região de Esmeraldas.

As árvores da primeira linha correspondem a espécies pioneiras, que se estabelecem através da retenção do lodo marinho, permitindo o desenvolvimento de árvores de maior porte.

No Sudeste Asiático, a vegetação pioneira é composta por árvores do género *Sonneratia,* cujas raízes formam saliências tubulares que emergem da água e captam o oxigénio que vai para as raízes submersas. Atrás delas, encontra-se o género *Rhizophora.* Esta é uma das espécies mais importantes do mangal, formando grandes raízes axiais a partir do tronco e dos ramos. Os sistemas radiculares formam uma teia emaranhada que retém novos sedimentos.

O género *Rhizophora é* seguido pela franja *de Brugueira,* menos resistente às inundações do que as espécies anteriores e que emite raízes onduladas que sobressaem da água.

Na orla interior dos mangais costeiros da África Ocidental, por detrás das faixas formadas pelos géneros *Sonneretia, Rhizophora e Ceriops,* encontra-se o matagal baixo formado pelo género *Avicennia,* mais conhecido por prieto de mangue, cujas raízes finas e respiratórias preferem os solos arenosos.

Na América Latina e nas Caraíbas, as costas tropicais têm espécies semelhantes; nas costas colombianas do Pacífico, onde ocorrem mangais de copa com árvores que atingem 40 a 50 metros de altura, como os do Parque Nacional de *Sangriana,* podem observar-se representantes dos géneros *Rhizophora* e *Avicennia.* Espécies muito comuns nas costas do Pacífico colombiano são o mangue vermelho (*Rhizophora mangle*), juntamente com *Rhizophora harrisonii, R. racemosa* e *R.* sameensis, acompanhados de mangue (Rhizophora *harrisonii). A. sameensis, acompanhada de* mangue-preto (*Avicennia germinans*), mangue-da-praia (*Pellicera rhizophorae*), mangue-jeli ou Yana (*Conocorpus erectas*), juntamente com espécies como: *A. tonzadii, Laguncularia racemosa* (Pataban) ou *Mora megistosperma,* que podem ser observadas nos estuários com influência salina.

Nas costas atlânticas, encontram-se também representantes das famílias *Avicenniaceae, Combretaceae, Ceasalpinaceae, Pelliceriaceae* e *Rhizophorae.*

A terra por detrás do mangal é periodicamente inundada nas marés altas, formando zonas pantanosas e salobras. Na Ásia, as palmeiras do género *Nipa* são as primeiras a ser encontradas.

Cerca de vinte espécies de árvores compõem a estrutura básica do manguezal. Sobre elas vive uma grande variedade de representantes do reino vegetal: epífitas como *Bromélias* e *Orquídeas,* mais de uma centena de fungos e, nas suas águas, até 70 espécies de plantas aquáticas.

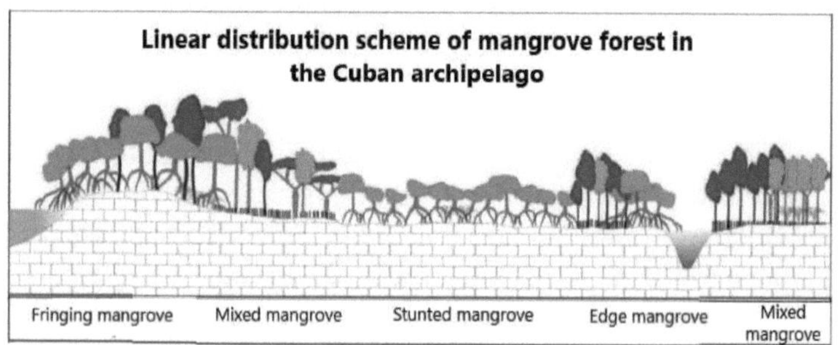

Linear distribution scheme of mangrove forest in the Cuban archipelago
Fringing mangrove
Mixed mangrove
Stunted mangrove
Edge mangrove
Mixed mangrove

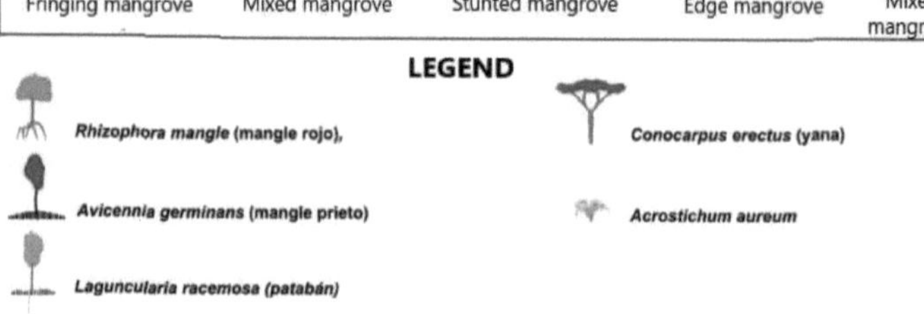

LEGEND
Rhizophora mangle (mangle rojo),
Conocarpus erectus (yana)
Avicennia germinans (mangle prieto)
Acrostichum aureum
Laguncularia racemosa (patabán)

MANGAIS DA AMÉRICA LATINA

Ao longo da costa colombiana do Pacífico, existem cerca de 300 000 hectares de mangais, constituídos por pelo menos oito espécies (mais quatro do que nas Caraíbas) e inúmeros arbustos, lianas, ervas e epífitas.

Devido à sua dimensão e complexidade, os mangais do Pacífico são considerados os maiores e mais bem desenvolvidos do continente americano.

Ao contrário das Caraíbas, durante o Pleistoceno, a costa do Pacífico permaneceu relativamente isolada e sujeita a condições climáticas relativamente favoráveis, o que permitiu a especiação e a formação de um grande número de espécies endémicas, ausentes nas Caraíbas, possibilitando um maior desenvolvimento estrutural do ecossistema dos mangais.

Os manguezais do Pacífico ocupam atualmente uma faixa quase contínua, de largura variável, que se estende desde o rio Mataje, na fronteira com o Equador, até ao Cabo Corrientes, no departamento de Chocó.

Na maioria das zonas costeiras dominadas por planícies aluviais, as florestas tropicais da vertente colombiana do Pacífico estão a transformar-se gradualmente em complexos de mangais, que se destacam, entre outros aspectos, pela presença de várias plantas superiores associadas, muitas das quais são endémicas destes ambientes.

Estes elementos endémicos apoiam a hipótese de a costa pacífica da Colômbia ter servido de refúgio aos mangais durante as glaciações do Pleistoceno.

Devido à grande amplitude das marés do Pacífico e às amplas planícies aluviais densamente irrigadas por rios que formam intrincados sistemas estuarinos, os mangais formam um mosaico sinuoso que, por vezes, ainda pode ser visto vários quilómetros acima da foz de grandes rios como o San Juan.

MANGAIS DAS CARAÍBAS

Os mangais das Caraíbas representam uma associação vegetal muito caraterística e típica das costas tropicais, constituída por árvores e arbustos adaptados a viver em zonas inundadas por águas salgadas e salobras, atingindo alturas até 50 metros e troncos até 1 metro de diâmetro.

Estas florestas salinas formam uma franja ao longo da costa, na qual as diferentes espécies de mangais estão geralmente dispostas paralelamente umas às outras, de acordo com a sua capacidade de resistir mais ou menos à salinidade e ao tempo de inundação.

Na costa das Caraíbas colombianas existem 83 310 hectares de mangais, menos diversificados e complexos do que os da costa do Pacífico.

São compostos por apenas seis espécies de flora, mas apenas quatro delas são realmente importantes em abundância, por ordem decrescente: mangue vermelho *(Rhizophora mangle)*, mangue prieto *(Avicennia germinans)*, pataban *(Laguncularia racemosa)* e yana *(Concurpus erecta)*.

Estas florestas distribuem-se irregularmente ao longo do litoral continental e insular, geralmente restritas a faixas estreitas em zonas de baixa ondulação e em relação a planícies sedimentares irrigadas por rios ou lagoas costeiras. Os mangais mais extensos encontram-se nos deltas e estuários dos rios Magdalena, Atrato e Sinú.

As diferenças na composição das florestas costeiras do Pacífico e do Atlântico na Colômbia podem ser explicadas pelo impacto diferente das flutuações abruptas do nível do mar (até 130 metros acima do nível do mar atual) e dos períodos de seca durante o Pleistoceno, há cerca de um milhão de anos.

Estas flutuações ambientais foram mais drásticas nas Caraíbas, afectando consideravelmente a vegetação costeira, e ainda hoje a maior parte dos mangais das Caraíbas (exceto os do Golfo de Urabá) encontram-se em zonas bastante secas do ponto de vista climático, em muitos casos associados a salinas ou pântanos salgados.

As florestas de mangue desempenham um papel ecológico importante para a vida selvagem, uma vez que numerosas espécies de peixes, crustáceos e moluscos encontram aí proteção e alimento durante as suas primeiras fases de vida. Mais de 241 espécies de animais e algas foram encontradas associadas às raízes submersas dos mangais na costa caribenha da Colômbia.

MANGAIS DAS ÍNDIAS OCIDENTAIS

A maioria das pessoas considera os mangais das Índias Ocidentais um incómodo; malcheirosos, infestados de mosquitos, sem qualquer utilidade para a sociedade humana.

De acordo com estudos recentes, estas florestas salinas estão amplamente representadas em todo o arco das Índias Ocidentais, para citar alguns exemplos, nas Ilhas Maiores, a sua distribuição é a seguinte. Em Cuba, 529 700 ha, o que corresponde a 4,8% do seu território, nas Baamas, 141 957 ha, o que corresponde a 10,2%, em Quisqueya (Santo Domingo), 27 000 ha, o que corresponde a 0,5; na Jamaica, 10 624 ha, o que corresponde a 1,0% e em Borinquen (Porto Rico), 6 500 ha, o que corresponde a 0,7% do seu território.

São relativamente poucas as pessoas que utilizam os mangais para a sua subsistência, colhendo ostras ou apanhando peixe com armadilhas, ou que utilizam a sua madeira para a construção ou para o curtimento de peles, ou que simplesmente apreciam a beleza tranquila das aves que os habitam.

De facto, as florestas de mangais prestam um serviço inestimável a ilhas inteiras das Índias Ocidentais e às comunidades costeiras. As suas raízes especiais, capazes de crescer em água salgada e salobra, ajudam a reter o lodo e a estender gradualmente a linha costeira até ao mar.

As áreas florestais de mangue vermelho, prieto, yana e pataban protegem as costas das mudanças de maré e dos furacões. Durante as cheias causadas pelo transbordamento dos rios, as suas raízes ajudam a conter a corrente de água carregada de lodo, protegendo os organismos que, de outra forma, seriam prejudicados na zona costeira.

A purificação da água, a formação de turfa, a conservação do solo e das águas subterrâneas fazem parte das funções físicas de um mangal. Se estes processos não forem efectuados, a linha de costa pode deteriorar-se.

Estas florestas de sal constituem um refúgio para comunidades de seres vivos que passam toda ou parte da sua vida neste habitat. Muitos animais marinhos vêm desovar nos mangais.

Os decompositores alimentam-se permanentemente das folhas decompostas dos mangais. Os balans, as ostras, as minhocas e alguns crustáceos de vida livre alimentam-se do solo saturado dos mangais.

Os organismos microscópicos completam a tarefa de reciclar a energia e os nutrientes que foram produzidos pela primeira vez na fábrica de folhas do mangue.

Por outro lado, muitas espécies de aves vêm e vão, de acordo com ciclos migratórios ou padrões de alimentação, para acasalar e nidificar. Muitos destes animais aquáticos são uma atração para os habitantes locais e para os ecoturistas que gostam de observar aves.

ZONAS HÚMIDAS EM CUBA

Nos 110 000 km² de território nacional, são conhecidas mais de 150 zonas húmidas, que vão desde sistemas estuarinos e estuarinos nas terras baixas, a reservatórios, barragens e micro-barragens no interior, bem como zonas húmidas marinhas ao longo de ambas as costas. Devido ao facto de a ilha de Cuba ser muito longa e estreita e ter muitas irregularidades no seu contorno, o nosso litoral é muito extenso. O país tem um total de 5.745 km de costa, dos quais 3.208 km correspondem à costa norte e 2.537 km à costa sul. Isto implica que as zonas húmidas têm características muito distintas, baseadas nas suas próprias componentes físicas, químicas, sociais e biológicas, tais como solos, água, espécies vegetais e animais, nutrientes e comunidades humanas em interação.

Os pântanos e charcos de Cuba caracterizam-se por solos turfosos e estão localizados em quase todas as províncias e na Ilha da Juventude.

As zonas húmidas costeiras cobrem mais de 600 000 hectares, incluindo a Ciénaga de Zapata, a maior zona húmida das Antilhas, que é agora uma reserva da biosfera.

A construção de barragens aumentou consideravelmente a capacidade de armazenamento de água de 1 359 000 000 m³ em 1969 para 4 318 000 000 m em 1975. Entre estas barragens encontram-se as de Zaza, com uma capacidade de 1 020 000 000 000 m³ ; Alacranes, 365 000 000 000; Hanabanilla, 286 000 000 000; Canasta, 267 000 000 e Carlos Manuel de Céspedes, 200 600 000 m³ .

No quinquénio 1975 - 1980, as obras hidro-técnicas aumentaram 29%; foram construídas 27 barragens, 24 foram concluídas e outras micro-barragens, 141 km de canais e sistemas de irrigação foram construídos para um total de 300.000 ha.

A pressão das comunidades vizinhas sobre a utilização dos recursos naturais em algumas zonas húmidas importantes, como o Parque Nacional de Caguanes ou a Ciénaga de

Zapata, levou ao planeamento do desenvolvimento territorial e culminou na elaboração de planos de gestão.

Estes planos definem as características socioeconómicas dos utilizadores e a orientação da utilização devido à elevada dependência das pessoas das zonas húmidas para a sua subsistência, no entanto, estes são apenas dois casos entre o grande número de ecossistemas de zonas húmidas.

Muitas das áreas protegidas do país, como as Reservas da Biosfera, os Parques Nacionais e os Refúgios de Fauna, contêm diferentes ecossistemas de zonas húmidas dentro dos seus limites. No entanto, muitas delas ainda não dispõem de um plano de gestão que garanta a sua utilização sustentável.

ZAPATA, A ZONA HÚMIDA MAIS IMPORTANTE DAS ILHAS CARIBENHAS

O Pântano de Zapata ocupa aproximadamente 150.000 hectares de terras pantanosas dos 260.000 hectares da Península de Zapata. Está localizado ao longo da costa sul da parte oriental da região ocidental de Cuba e, do ponto de vista hidrológico, garante a quantidade e a qualidade do lençol freático da vertente sul da província de Matanzas, onde se desenvolve uma das maiores plantações de citrinos do país, bem como importantes áreas de produção de cana-de-açúcar e arroz.

De um ponto de vista ecológico, a Ciénaga influencia o clima de uma grande parte da área e constitui um refúgio natural para muitas espécies de flora e fauna, sendo também um ponto de paragem para numerosas espécies de aves migratórias. É de grande interesse científico, uma vez que 80% das espécies de aves cubanas vivem na Zapata.

Outra das características importantes desta zona húmida é o facto de ser uma região valiosa para o desenvolvimento florestal, para além dos seus valores históricos, culturais e turísticos, que a tornam um centro de atração nacional e internacional.

Do ponto de vista social, a Ciénaga de Zapata sofreu uma grande transformação nos últimos 45 anos. Antes da Revolução, a população deste território húmido era uma das mais pobres do país, subsistindo quase exclusivamente da produção local de carvão, com condições de vida muito desfavoráveis. Hoje, a população aumentou e dispõe de uma infraestrutura económica de base.

O aumento da população implicou um aumento do desenvolvimento, pelo que, para assegurar a conservação da flora e da fauna da zona, foram tomadas várias medidas, tais como a proibição da caça, a criação de dois refúgios de vida selvagem: La Salina com 38 000 hectares e Santo Tomás com 14 000 hectares.

Foi igualmente criado um centro de reprodução de crocodilos

e um centro de programas especiais de educação ambiental para a população local, bem como regulamentação na própria zona, para garantir o cumprimento das várias medidas acima referidas.

Esta região, que foi declarada reserva da biosfera pela Organização das Nações Unidas para a Educação, a Ciência e a Cultura (UNESCO), recebeu apoio internacional para o seu reforço institucional através do reforço das estações de hidrologia e meteorologia, do laboratório fitossanitário e da estação ecológica, a partir da qual se realizam estudos multidisciplinares e que serve também de ligação entre as diferentes estações.

A FAUNA

Os mangais são o lar de uma incrível variedade de vida, desde espécies de aves migratórias a répteis e uma série de criaturas marinhas. São principalmente locais de acasalamento, reprodução e alimentação para muitos peixes, moluscos e toda uma série de outros animais selvagens.

A singularidade deste habitat condiciona a dos seus habitantes que, por um lado, se movem bem entre o meio terrestre e o meio marinho e, por outro, aproveitam a humidade e a proteção dos mangais contra o sol escaldante.

Os seus habitantes mais singulares são os "saltadores de lama", peixes dos géneros *Periophtalmus e Boliophtalmus*, capazes de viver no mar e em terra. As suas barbatanas dianteiras musculadas permitem-lhes deslocar-se em terra. Uma espécie consegue mesmo trepar às árvores para escapar à maré alta.

Muitos crustáceos distribuem-se pelo mangal de acordo com a sua tolerância à subida das marés, como a lagosta e os caranguejos mineiros. Os camarões são abundantes nestas águas.

As raízes do mangue vermelho colombiano *(Rhizophora spp.)* *são um* bom exemplo: nelas vivem esponjas, balanus, caracóis como *Littanaine spp. e Muricenthos radix,* duas ou três outras espécies, e o caranguejo *trepador (Goniupsis gandichaudi).*

O caranguejo *(Callinectas spp.) e* o caranguejo-azul *(Cardisona spp.)* são abundantes nas lagoas e no solo do mangue.

Numerosas espécies de peixes vivem nas águas salobras, como os tarpões e os peixes-de-três-caudas. Garças, corujas, águias, guarda-rios, águias-pesqueiras, águias-reais e guinchos alimentam-se delas.

Quando a maré baixa, alguns mamíferos vêm à praia para comer, como o queixada e o macaco caranguejeiro. Nas copas das árvores, outros primatas, os nases, alimentam-se das folhas da *Sonneratia.*

Nos ramos do mangal, iguanas, araras, pombos e hutias

abrigam-se ao lado de colhereiros, sevilhanas, coqueiros e outras aves limícolas, que regressam todas as noites à copa das árvores, onde se empoleiram.

De acordo com biólogos de campo, 84 espécies de microfauna bentónica podem ser encontradas na Reserva Nacional de Mangues de Futian (China).

Nos mangais tropicais do estuário de Gazi, no Quénia, foram identificadas 128 espécies de peixes teleósteos. E nas zonas de mangais do Lago Maracaibo, na Venezuela, foram observadas 72 espécies de aves, o que representa 32% de todas as espécies conhecidas nestas zonas.

A LIBÉLULA

Nas zonas húmidas, as libélulas podem ser vistas a sobrevoar quase todos os lagos. O seu voo em forma de seta, enquanto circulam aqui e ali para capturar insectos, tem intrigado os naturalistas durante séculos.

Alimentam-se vorazmente de qualquer inseto que possam alcançar e destroem grandes quantidades de mosquitos, moscas e mosquitos. Contrariamente à opinião popular, as libélulas são inofensivas para o homem e para os animais domésticos.

As libélulas chamam a atenção, não só pela beleza delicada das suas cores e pelo aspeto fantasmagórico das suas asas, mas também pela velocidade espantosa do seu voo.

A sua estrutura é muito caraterística, com uma cabeça grande e bulbosa com olhos salientes - cada um composto por 20 000 a 30 000 facetas - e um abdómen longo e delgado. As suas quatro asas são fortes e acetinadas, aproximadamente do mesmo tamanho. São ricamente estriadas.

As libélulas modernas são insectos da ordem *Odonata* e, com raras excepções, têm cerca de sete centímetros de tamanho. Existem dois grupos distintos: as libélulas propriamente ditas *(Anisoptera) e* os agrionídeos mais delgados (Cygoptera). Estes últimos esvoaçam preguiçosamente entre os juncos e o seu voo é muito diferente do voo rápido e preciso das libélulas verdadeiras.

As libélulas utilizam apenas a visão para encontrar as suas presas; os seus enormes olhos compostos podem ser tão grandes como o resto da cabeça. Possuem um par de antenas curtas e duas robustas mandíbulas mordedoras.

Utilizam pouco as suas patas para caminhar, usando-as exclusivamente para se agarrarem e segurarem presas volumosas.

Durante o voo, as patas espinhosas ficam escondidas debaixo da cabeça, formando uma espécie de gaiola, para apanhar a presa e levá-la à boca. A capacidade de manobra de uma libélula no ar é espantosa. Cada asa pode mover-se de forma independente, permitindo-lhe virar imediatamente e até voar para trás. É um verdadeiro helicóptero natural.

As libélulas adultas parecem ter áreas de caça definidas; uma única libélula pode ser vista, de um lado ao outro do seu território, a atacar as suas presas, durante horas, ao longo de um pequeno troço, sobre um curso de água. Parece que estão sempre esfomeadas.

Passam a primeira parte da sua vida na água. Após o acasalamento, a fêmea deposita os ovos na água, ou desce a intervalos durante o seu voo, molha o abdómen, escumando a superfície, e deixa os ovos escapar e aderir a objectos submersos; por vezes, deposita-os em pequenas incisões que faz com o seu ovipositor nos caules das plantas aquáticas.

A larva muda de muda cerca de 12 vezes antes de completar a sua metamorfose e atingir a maturidade. Quando chega a altura de deixar a sua residência aquática, sobe pelo caule de um junco, de uma maça ou de outra planta aquática e pára a alguma distância acima da superfície da água para apreciar a vista panorâmica antes de abrir as asas e conquistar o céu.

O MANJUARI

Nas lagoas e pântanos de Cuba existe um estranho peixe cujo corpo está coberto de escamas ósseas ou placas duras esmaltadas, e que tem uma certa semelhança com o crocodilo. É o manjouari, outrora muito abundante, mas que está a tornar-se cada vez mais raro devido à perseguição a que está a ser sujeito.

Graças à armadura que o reveste, não tem medo de nenhum outro animal da lagoa, exceto o crocodilo. É extremamente voraz e, por nadar tão rápido, consegue facilmente obter alimento constituído por outros peixes e todo o tipo de pequenos animais aquáticos, como rãs, guajacons e camarões.

A sua voracidade é tal que devora as crias recém-nascidas da sua própria espécie. Reproduz-se, como os outros peixes, por meio de ovos.

O peixe mais notável da lagoa é de tamanho regular, atingindo cerca de um metro de comprimento. O seu aspeto de crocodilo é acentuado pela forma da cabeça, que termina num focinho longo e deprimido, cujas mandíbulas estão equipadas com uma dupla fila de dentes afiados e cortantes.

O corpo, comprimido lateralmente, é arqueado na região posterior onde se insere a barbatana caudal, que é inteira e arredondada, e apresenta também uma barbatana dorsal muito recuada, oposta à barbatana pélvica e às barbatanas peitorais e abdominais emparelhadas.

É amarelo-esverdeado com manchas escuras no dorso e esbranquiçado por baixo. As escamas que o cobrem são diferentes das dos outros peixes, pois em vez de serem elásticas e flexíveis, são muito duras e cobertas de esmalte.

Estes peixes estão equipados com um órgão especial: a bexiga natatória, que lhes permite subir e descer à vontade no elemento líquido, mas que tem a particularidade de comunicar diretamente com o fundo da boca e de funcionar como um pulmão rudimentar, de modo que, de vez em quando, o peixe põe a cabeça fora de água, inspira ar e mergulha.

O manjouari também respira como os outros peixes através de guelras, que são visíveis no exterior, através de uma única abertura de cada lado, mas, ao contrário dos outros peixes, pode viver fora de água durante muitas horas.
Tem um esqueleto ósseo e, como todos os outros peixes, o seu sangue é frio ou de temperatura variável. Os seus sentidos mais desenvolvidos são a visão e o olfato.

O COCODRILO

O crocodilo, um réptil que se distingue pela sua armadura especial e ferocidade, encontra-se nos rios, estuários e deltas dos grandes rios, embora não tão abundantemente como seria de desejar.

Durante o dia, dormem imóveis, apanhando sol preguiçosamente na praia lamacenta ou nas pedras da costa, onde quase não se distinguem devido à sua cor verde-escura ou bronzeada, que os faz parecer grandes troncos de árvores.

À noite, por outro lado, demonstram uma atividade incansável e uma agilidade maravilhosa na caça dentro de água. Extremamente vorazes, alimentam-se de peixes e de outros animais aquáticos, de aves e até de grandes mamíferos, não hesitando em devorar os crocodilos recém-nascidos que encontram pelo caminho.

Em terra, corre com bastante agilidade em linha reta, mas não é fácil virar devido à inflexibilidade do seu corpo comprido e à distância a que estão dispostos os seus membros curtos.

Todos os anos, a fêmea põe 100 a 200 ovos calcários, do tamanho de uma pata, num ninho que escava na areia ou na lama da costa, cobrindo-o e deixando-o incubar ao calor do sol.

No entanto, mantém-se perto delas, vigiando-as quando nascem os crocodilos bebés, ajudando-os a emergir e conduzindo-os para a água, onde os protege da voracidade insaciável dos machos.

No início, os recém-nascidos alimentam-se de pequenos animais aquáticos, depois comem aves e presas maiores, tal como os seus pais.

O seu aspeto geral faz lembrar os lagartos, mas distingue-se deles pelo seu maior tamanho e pela armadura que cobre o seu corpo, na qual se distinguem seis filas regulares de placas córneas com quilha, dando ao seu dorso o aspeto de uma serra.

As enormes mandíbulas estão armadas com dentes grandes, curvos e em forma de gancho, dispostos de tal modo que se entrelaçam uns com os outros. Dois dos dentes da mandíbula inferior, que são muito maiores do que os outros, estão alojados num recesso na mandíbula superior.

A língua é carnuda e está ligada nas extremidades ao ramo inferior da mandíbula. Apesar dos seus dentes fortes, o crocodilo não consegue mastigar os alimentos e limita-se a rasgar a carne em pedaços, permanecendo letárgico enquanto a digere.

Quando nada à superfície da água, os seus olhos e narinas salientes permitem-lhe inspecionar o que o rodeia e respirar; no entanto, pode permanecer debaixo de água durante muito tempo. Tem os sentidos muito desenvolvidos, nomeadamente a visão e a audição.

As suas patas curtas e fortes têm dedos armados com fortes escamas e os dedos das patas traseiras estão unidos por membranas interdigitais para facilitar a natação. A cauda longa e comprimida dificulta a locomoção em terra, mas serve como uma arma poderosa para destruir os seus inimigos.

O principal inimigo do crocodilo é o homem, que o persegue de forma irracional, levando-o quase à extinção, razão pela qual a sua captura é proibida e foram criadas explorações de crocodilos.

LA GRULLA

Os grous *(Gruidae)* são aves magníficas com pernas e pescoços longos e plumagem geralmente cinzenta ou branca, com algumas manchas de outra cor na cabeça. Da ordem dos Gruiformes, estas aves assemelham-se às cegonhas e às garças, mas diferem destas na sua organização.

A principal diferença reside no interior do nariz, cujas aberturas não estão separadas por um septo ósseo. Outra diferença diz respeito às crias deste grupo, que podem cuidar de si próprias logo após o nascimento.

Estas aves têm penas longas no interior das asas, convertidas em penas ornamentais. O seu bico é longo e denso, útil para procurar no solo sementes, raízes, bolbos e vermes, a sua atividade predadora é marcada por um apetite voraz.

São conhecidas cerca de 20 espécies de grous em todas as partes do mundo, exceto na América do Sul. Durante o voo, mantêm as pernas esticadas para trás. Os grous migram entre localidades distantes, voando em filas ou em formações em "V".

A sua voz caraterística consiste num som semelhante ao de uma trombeta, que emitem levantando a cabeça para trás. Outra particularidade do grupo é o costume de realizar danças pré-nupciais.

Voam a grandes alturas, emitindo gritos quase incessantes que podem ser ouvidos a longas distâncias, uma particularidade que lhes permite serem reconhecidas à distância e que sempre atraiu a atenção das pessoas. "A sua voz anuncia, do alto dos ares, ao agricultor o momento de abrir a terra", diz Hesiada, poeta grego do século VIII a.C., referindo-se à sua passagem do Norte da Europa para o Sul.

Os grous vivem geralmente em zonas húmidas, onde se alimentam ativamente de insectos, minhocas e pequenos moluscos, mas também comem muitas sementes, e os cereais acabados de semear parecem ser um deleite saboroso.

O seu ninho é um amontoado de canas e caules de várias plantas, colocado no chão, quase sempre no meio de um extenso pântano ou brejo, e nele põe, em abril ou maio, dois ovos esverdeados com manchas escuras, em cuja incubação os dois progenitores alternam.

As crias nascem cobertas por uma penugem espessa, de um vermelho vivo, que é rapidamente substituída por uma plumagem cinzenta, um pouco semelhante à dos adultos.

O grou cubano é cientificamente conhecido como *Grus canadensis nesiotes* e está ameaçado de extinção. As suas populações são raras e dizimadas, razão pela qual a Empresa Nacional para la Protección de la Flora y la Fauna está a desenvolver com êxito um projeto para a sua conservação.

A GALINHA DE SÃO TOMÉ

O galináceo de Santo Tomás, que foi descoberto em 1926 na zona que partilha o seu nome na Ciénaga de Zapata, merece um capítulo à parte. A primeira coisa que nos surpreendeu na descoberta foi o facto de uma espécie poder residir num local tão estudado por especialistas, sem ter sido observada até então.

Este facto foi compreendido pela sua extraordinária timidez. A segunda surpresa vem do reduzido habitat da ave, uma área de distribuição que partilha com a ferminia e o cabrerito de la Ciénaga, espécies endémicas da fauna cubana. Por todas estas razões, figura há anos na lista mundial da fauna ameaçada de extinção.

Em todo o caso, os fósseis encontrados deste galináceo em diferentes pontos do arquipélago, como o pântano de Ciénaga de Guayaberas, no Parque Nacional de Caguanes, sugerem que há séculos atrás tinha uma distribuição muito mais alargada. Mais tarde, factores de destruição como os incêndios, as secas, a caça furtiva, o abate irracional de árvores e outros, dizimaram as áreas florestais ao ponto de levar este animal à beira da extinção.

Ave de grande importância por pertencer a um género exclusivo de Cuba. É uma ave pequena (29 centímetros), castanho-azeitona no dorso e mais clara no ventre, o bico é verde com a base vermelha, assim como as patas. Não existe dimorfismo sexual entre machos e fêmeas.

Em geral, é uma galinha que não voa. Este animal prefere vaguear a pé do que voar. Quando voa, fá-lo por curtas distâncias. Quando é descoberta, emite um grito alto, semelhante a um "Kouk", e geralmente corre rapidamente por uma curta distância antes de ficar parada com a cauda levantada.

Ao recurso da timidez, usado ao extremo por estas aves, há que acrescentar outro decisivo: a consciência do homem, que declarou a zona onde vivem uma área protegida da mais alta prioridade para a conservação, mas continua a enfrentar o dilema de se tornar o destruidor ou o conservador da espécie.

O MANATI

Na foz dos rios e estuários de Cuba e de todas as Caraíbas, existiu outrora um mamífero especial que, apesar dos seus hábitos aquáticos e da sua conformação de peixe, é, em todas as suas características, semelhante aos outros mamíferos.
Trata-se do manatim *(Trichechus manatus),* que, devido a uma perseguição ativa, hoje em dia só se encontra em locais pouco frequentados pelo homem.

Este animal da Ordem *Sirenia_* habita os estuários dos rios cujo curso é ascendente, tentando encontrar remansos pouco profundos em busca de vegetação submersa, que é a base da sua alimentação.

É um mamífero monogâmico, a fêmea tem poucas crias após uma curta gestação, que cria com solicitude em locais solitários.

O manatim atinge dois a três metros de comprimento. O seu corpo, em forma de torpedo, foi especialmente concebido para facilitar a passagem na água, onde passa toda a sua vida. A cabeça, o pescoço, o tronco e a cauda estão intimamente fundidos, formando uma única peça cilíndrica e fusiforme.

A pele nua e áspera é coberta de pêlos curtos, esparsos e escuros, sem formar uma verdadeira pelagem que dificulte a locomoção. Por baixo, encontra-se uma espessa camada de gordura, que impede a perda de calor corporal, devido ao frio quase constante do ambiente em que vive.

Esta sirénia distingue-se pelo facto de não ter membros e de os seus membros anteriores terem a forma de barbatanas e estarem muito bem adaptados à natação.

O principal órgão de locomoção é a sua cauda ou barbatana caudal, muito larga e ovalada, que, colocada horizontalmente e em forma de remo, pode funcionar simultaneamente como remo e leme.

Quando rasteja, agarra-se ao fundo; quando nada, efectua

movimentos rápidos que impulsionam o corpo para a frente e, com a ajuda das barbatanas anteriores, desloca-se confortavelmente de um lugar para outro.

Esta disposição do corpo, que favorece extraordinariamente os seus movimentos na água, dificulta-os e impede-os em terra, onde ficam desamparados. Não têm ouvidos e o seu sentido mais desenvolvido é o da visão.

A boca tem um lábio superior fendido; as suas partes laterais são tão móveis que se abrem como tesouras e despedaçam folhas e caules.

Numerosas cerdas curtas e rígidas cobrem os lábios e funcionam como verdadeiros órgãos tácteis. A sua dentição tem apenas vários molares um pouco atrofiados em cada maxilar e, em vez de dentes, tem placas córneas que servem para mastigar os alimentos moles.

Ocasionalmente, precisa de vir à superfície para respirar. As narinas são pequenas e situam-se na extremidade do focinho. Quando submerso, fecha-as hermeticamente, graças às suas pregas membranosas.

Tres manaties
en Kings Bay,

EPÍLOGO

As zonas húmidas estão a desaparecer a uma velocidade vertiginosa devido à utilização abusiva ou insustentável dos seus recursos. Os danos ambientais são consideráveis, mas os danos sociais não são menos importantes. A população local, que é deslocada ou expulsa das suas localidades devido à deterioração do ecossistema, perde os seus meios de subsistência.

Quando os mangais e outros biótopos costeiros são destruídos, as zonas costeiras tornam-se instáveis: as comunidades costeiras ficam expostas a tempestades devastadoras que resultaram na perda de milhares de vidas em países como o Bangladesh, o Sri Lanka, a Índia e o Haiti.

A erosão costeira está a intensificar-se, aumentando a sedimentação que danifica os recifes de coral e as ervas marinhas e destrói habitats cruciais para a sobrevivência de muitas espécies, subindo na cadeia alimentar desde o molusco ao manatim. Para não falar das comunidades humanas que outrora viviam nestas zonas ricas, que perderam as suas terras e o seu modo de vida.

Que triste reflexão estamos a sofrer, que drama angustiante estamos a abanar. Se as zonas húmidas desaparecerem, ficaremos sem fronteiras naturais contra as catástrofes e as guerras, a nossa economia entrará em colapso, a sociedade será prejudicada e o ambiente morrerá. Não deixem que este triste pensamento se torne realidade, lutem pelas zonas húmidas e pela vossa pátria.

BIBLIOGRAFIA

1) Acosta, Martín, Lourdes Mugica, Dennis Denis, Antonio Rodríguez, Ariam
Jiménez e Orlando Torres. *Aves comunes en los humedales de Cuba.* Universidade de Havana, 2003.
2) CNAP. *O Sistema Nacional de Áreas Marinhas Protegidas em Cuba.* Centro Nacional de Áreas Protegidas, WWF Canadá, Centro de Desenvolvimento Ambiental e Defesa Ambiental da Universidade das Índias Ocidentais. Defesa. Havana, 2004.
3) Cuba *El Búfalo de Agua,* Ministério da Agricultura. Vice-Ministério da Pecuária. Direção de Genética Vacuna. Havana, 1980. Hernández, Abel e Juan Berdayes. *Vida marina.* Ediciones Luminaria. Sancti Spíritus, 2005.
4) Labrada, Miriam. O Projeto Zapata. *Boletim da Academia de Ciências.* Havana, 1984.
5) MINAE. *Guía de procedimientos para el manejo de humedales en Costa Rica.* União Mundial para a Natureza (IUCN-ORMA). Costa Rica, 1995.
6) MINAE. *Boletim do Sistema Nacional de Unidades de Conservação.* 1(1): 1-10. Costa Rica, 1997.
7) Gabinete da Convenção de Ramsar (1992): *The Ramsar Convention.* U.S. Fish and Widlife Service. Gland. Suíça, 1992.
8) Odum, Eugen P. *Ecología* _Edición Revolucionaria. Havana, 1972.
9) Leme, Joy. *Fleeting Glimpses of the Caribbean Blue"* *[Vislumbres fugazes do azul das Caraíbas].* UNESCO Coastal Regions and Small Islands Papers. Paris, 2003.

Dados dos autores.

- Abel Hernández Muñoz (1962). Licenciado em Biologia pela Universidade de Havana (1988). Mestrado em Ecologia e Sistemática Aplicada, Instituto de Ecologia e Sistemática de Cuba (2003). Membro redator da UNEAC (2003). Investigador assistente no ICIC Juan Marinello ("0004). Professor assistente na Universidade de Sancti Spíritus "José Martí Pérez" (2011).

Índice

Printed by Books on Demand GmbH, Norderstedt / Germany